零失敗！新手也能做的

蒸烤箱 40 道異國料理

質男主廚

張克勤

的不藏私食譜

目 錄
CONTENTS

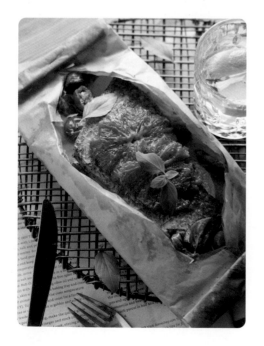

Chapter 1   🍴 噴香豪邁肉食料理

Chapter 2   🍴 極上海鮮料理

Chapter 5 🍴 新食感輕食

✎ 附錄

🎩 推薦序

　　「工欲善其事，必先利其器。」我們這一輩大廚很幸運，不僅好的原材料易得，好的現代化烹調工具更讓我們如虎添翼。家的味道，不必仰仗大廚的手藝，有智慧就會懂得如何把平淡的食材烹飪得有滋有味，有愛就會懂得家人或者客人的口味。張克勤主廚的烤箱菜，方便又可口，不難猜出，用他的智慧，會讓你的菜艷驚四座，跟著他一起用烤箱烹飪雋永的味道吧！

－中國川菜泰斗史正良嫡傳弟子、川菜烹飪大師 蘭明路

🍳 推薦序

　　以烘焙技藝融合跨國界的烹調風味，往往可以創造出令人驚喜的火花！書中幾款經典的烘焙手法在克勤主廚的用心下，以平易近人的方式展現，同時趣玩各種混搭風味，讓烹調變成一件簡單又有趣的事。最重要的是，完成品還有著大師級的風範！

　　知道如何烹飪是一回事，如何以一種聰明、又賦予創造性和有趣的方式進行，同時又能將美味、經驗值、才華並駕齊驅並不是件容易的事。當然，直接找一個好的導師更容易，我想克勤主廚就是您最好的選擇。

Knowing how to cook is one thing. How to cook in a smart, creative and fun way, mean time with amazing flavor needs experience and talent. Or just find a good tutor is much easier. I think Chef Chin is one of your best choices.

　　　　　　　　　－法國國家級麵包烘焙工藝首獎（Meilleur Ouvrier de France Boulangerie）得主
　　　　　　　　　Frederic Lalos 的得意門生，麵包大師吉雍・佩登 Guillaume Pedron

Guillaume Pedron

7

用生活帶來每一場
好料理~

作者序

　　2020 年我出版個人的第一本料理食譜書，至今已快超過一年。在那之前完全沒想過有機會出書，也沒想過書出版後受到廣大歡迎與支持，更有幸因此拍攝人生第一支廣告，而後陸續參加許多電視與廣播節目錄影，許多品牌與各單位的邀約不斷前來，除了驚喜，更有許多的感謝在心。為不負眾望，我持續精進自己的烹飪技術，也完成自己長久以來想回到校園進修的心願，順利考取輔仁大學餐旅管理研究所碩士班。

　　有了第一本書的經驗後，我一直在思考，第二本書想帶給大家什麼？我曾因為不服輸，加上想證明自己的廚藝，有好幾年都在馬不停蹄前往世界各地比賽，無論是粵菜、台菜或西餐都比過。到處征戰也幾乎沒有失手，屢獲多項大獎肯定。幾年過去，近年剛好遇到新冠肺炎疫情蔓延全球，讓許多人開始回歸到自家廚房。

「自煮」文化隨著大環境的變動蓬勃而起，烤箱、蒸烤箱瞬間再度成為廚房神器第一把交椅，不僅可以保留食物原味，將食材精華完整鎖在料理中，沒有油煙的優點也深得人心。讓所有料理新手彷彿都曾到過廚藝界的「霍格華茲」般，以輕鬆的姿態就可優雅變出一桌好菜，這股大趨勢也讓我因此更加確定，要做本讓大家能簡單上手的烤箱、蒸烤箱料理食譜書。

相信很多人都不曾想過，其實自己在廚藝上是有天分的，更別提可以說出「會煮」這兩個字。其實烹飪就像魔術一樣，透過不同的調味或是溫度的變化，將食材化身為一道道令人垂延三尺的美味。從料理新手到當代名廚，對食器與好的廚房設備都有與生俱來的渴望，我更是如此！往往看到最新最特別的廚房設備時，都眼睛為之一亮，總是有忍不住想動手使用的吸引力。

對我而言，關於烹飪的所有設備，如同我私藏的「玩具」，能將它物盡其用是最大的快樂。在創作這本食譜書時，我總想著，如何讓蒸烤箱料理不再只侷限在特殊領域的菜色，而是能做出世界各國不同的料理，讓大家一看到食譜書裡的內容，都能有忍不住想動手做做看的衝動，犒賞家人或自己一頓豐盛滿足的元氣大餐。

這本書除了異國料理，自然也有講求效率的簡單菜色，更有豪華豐盛的高奢料理。下廚對我來說，像是腦力激盪賽，「如何運用食材？」、「挑戰什麼新的食譜？」、「把熟悉的料理加點新意？」每次下廚都是場小測驗，也是對自己的挑戰。英國的《BBC Good Food》雜誌中特別強調，書裡的食譜皆由多組「食譜測試員」試做後才能拍板定案，需要這麼做的原因，除了藉此重複調整細節，也能加以確認用字遣詞是否精準，讓所有人都能透過食譜重現出該有的滋味。《BBC Good Food》對我創作食譜書的影響極深，反覆實際試做或許聽來吃力，但其實更能從中抓出精準的味道調配，讓自己更賦予實驗和開拓嘗試的精神。期待我的第二本創作，亦是我第一次針對烤箱與蒸烤箱的食譜書，讓大家都更完整的從中收穫許多。

最後，仍舊不免俗的想謝謝在我廚藝生涯之路，一直引領和教導我的所有朋友與大師們，讓我時刻提醒自己要不斷精進，將料理變成好玩的事，更成為我永遠的「事」，持續做料理，玩料理。

寫在開始之前

「為什麼要購入蒸烤箱？」、「要怎麼選適合自己的蒸烤箱？」、「蒸烤箱的方便之處？」，仕料理界的這些年頭，常有人詢問我類似的問題。其實選購一台適合自己的廚房工具，能夠很大程度的幫助自己提升料理的效率跟成果。本書針對大家最常詢問的「嵌入式蒸烤箱」討論，除了詳細的功能說明，也會分享我個人使用後覺得最適合新手入門、在家料理的食譜，希望大家都能有快樂的料理食光。

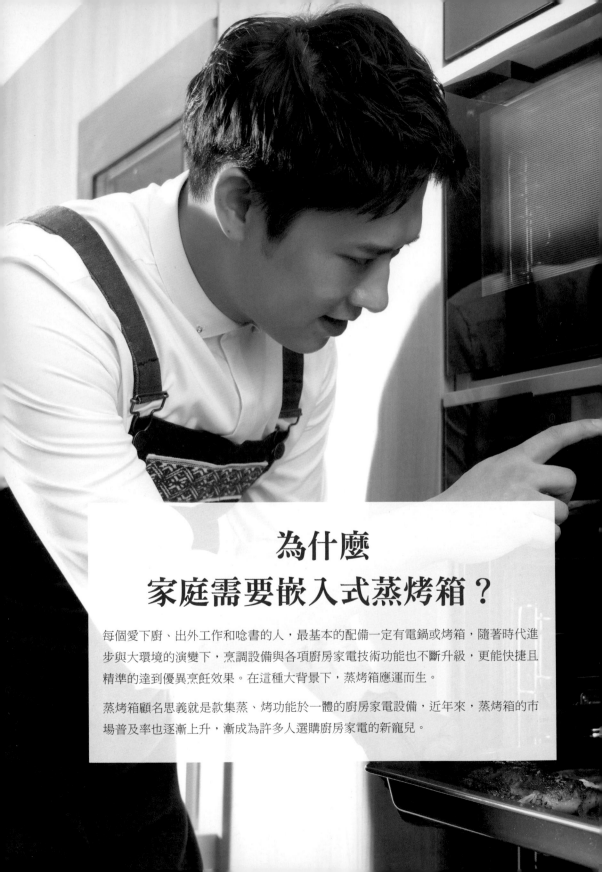

為什麼
家庭需要嵌入式蒸烤箱？

每個愛下廚、出外工作和唸書的人，最基本的配備一定有電鍋或烤箱，隨著時代進步與大環境的演變下，烹調設備與各項廚房家電技術功能也不斷升級，更能快捷且精準的達到優異烹飪效果。在這種大背景下，蒸烤箱應運而生。

蒸烤箱顧名思義就是款集蒸、烤功能於一體的廚房家電設備，近年來，蒸烤箱的市場普及率也逐漸上升，漸成為許多人選購廚房家電的新寵兒。

1. 一機多用 多款料理同時做

很多人以為蒸烤箱只能拿來做豪華的宴會大菜，其實蒸烤箱結合眾多廚房家電的功能，不僅能蒸還能烤，從簡單的冷食覆熱，到具有解凍、乾果、發酵、烘焙，甚至是近年流行的舒肥等多種功能。能夠精準掌控食材與溫度、濕度控制，防止水分流失，同時保留食材養分。對於因為討厭油煙，寧願點外賣也不願意下廚的年輕人來說，蒸烤箱是一個最佳選擇。

2. 節省空間和成本

可省掉其他相關廚房電器設備的預算跟空間，嵌入式的設計與櫥櫃一體成型，能讓廚房維持一致風格，有效率的運用環境空間，家電添購費用也能大幅縮減。

3. 安心使用與食用

蒸烤箱是通過熱能和蒸氣來加熱，既能保留食物的營養物質，又能保留美食的原汁原味，同時具有發酵、解凍、蒸煮等多種功能。烤箱和蒸烤箱皆不屬於強輻射的電器，對人體基本上是無害的熱傳導，而非電磁輻射，且嵌入式烤箱機體大部分嵌於櫥櫃中，面板與烤箱門也有隔熱設計，使用時可避免燙傷。

4. 保有食材原有新鮮度 營養不流失

蒸食相當健康，最大的優點就在於完全是通過熱傳遞形式進行，不易破壞食物的分子結構，食物營養能完整保存。但不可否認，燒烤的食物只要一端上桌，即刻噴香撲鼻，所以一台兼具蒸烤功能的蒸烤箱就是家裡最好的選擇，偶爾大快朵頤一番，用蒸烤箱製作各式燒烤或烘焙料理，讓美味無極限。

如何選一台
適合自己的蒸烤箱

蒸烤箱是集蒸與烤為一體的廚房家電,可以蒸各種食物,也同時能烤肉和烘焙,簡單來說可以取代蒸箱、燉煮鍋、發酵箱、舒肥機、保溫櫃等功能。蒸烤箱的蒸氣烤模式,是很多功能單一的烤箱所做不出來的,能將多種功能同時搭配使用,實現1+1大於二的功能,熱飯熱菜一次搞定,非常方便。但市面上也有許多不同的品牌推出類似的產品,以下是我依據使用經驗,推薦大家可以參考的購買評估方向。

1. 功能

每一家品牌所生產的蒸烤箱，看似功能大同小異，但可以仔細觀察模式的數量、適用的溫度範圍，例如近年很流行的舒肥功能，就需要較低且精準的烹飪溫度。現代人喜歡各種美食，越大的烹飪溫度區間、料理模式，能夠幫助我們更提升下廚效率。另外除了既有的模式，溫度調節的自由性也很重要，有些品牌是以 5 度或 10 度為一個單位，但有些品牌是以 1 度為單位，這樣的設定能夠依照食材及需求達成更精準的控溫，達到更好的烹飪效果。

2. 需求及容量

現今因自煮風氣盛行，各種功能的廚房小家電都能深深吸引我們的目光。但常會出現使用幾次就束之高閣的情況，這時如果選擇的是一台集結多種功能的機器，便能有效率降低空間的浪費，今天想要蒸、明天想要燒烤、週末想要烘焙，都能夠在同一台機器中滿足。

嵌入式設計已成為未來的趨勢，相較於常見的獨立式烤箱，蒸烤箱不僅一機多用節省空間，外觀更能與室內空間維持視覺一致性。現今嵌入式烤箱高密封性設計，也讓加熱效率更高，不論蒸煮或烘烤食材，皆能均勻加熱，烹調效果更好，且容量也較獨立式烤箱大，不僅能放更多食材，甚至能同時分層料理，加速料理效率，也對提升口感風味都有加乘效果。建議大家在設計櫥櫃時，可以先以最大容量做選擇，避免未來需求提高，較難隨意的改變安裝設計。

3. 品牌與售後服務

大型家電的價位相對較高，功能也更全面與複雜，加上可能涉及安裝、保固、售後服務等不同面向考量，建議在選購上以有口碑、市場信賴度的大型品牌優先，售後服務也較完善，且大品牌的產品線較豐富，功能的選擇能有更多挑選空間，在機器材質與安全性更為謹慎，後續產品升級與維護也更全面。

認識嵌入式蒸烤箱

本書食譜主要以瑞典家電品牌－伊萊克斯的「極致美味 900 嵌入式舒肥蒸烤箱」示範料理，不僅有專業精準的控溫技術，還有多種烹飪模式，能針對各式料理選擇最適合的處理方式，在家就能呈現專業餐廳的口感與水準。本篇章將會針對該機型，進行基本介紹。

重點功能介紹
極致美味 900 嵌入式舒肥蒸烤箱

1. 低溫舒肥烹調功能

精準溫度調節設計，可 ±1℃ 調整溫度，藉由蒸氣低溫慢速熟成真空處理後的食材，使食材內外溫度一致，並可極大化保留食材養分，呈現鮮嫩多汁口感，設置好烤溫與時間後，蒸烤箱將為您呈現專業級舒肥料理。

2. 智慧蒸氣烹飪

「蒸炙饗宴，聰明實現」，針對四種不同烹調手法自動調節蒸氣設定，只需設定烤溫跟時間，各式美味佳餚一鍵實現。無論是清蒸鮮魚、燉煮牛肉、酥烤嫩雞、或是烘焙法棍，皆能輕鬆完成。

3. 25 種烹飪模式及內建 260 道食譜

可針對不同食材選擇適當的加熱模式、手動調整溫度及時間，共有 25 種烹飪方式，另有約 260 道自動食譜程式，蒸氣舒肥、食物溫度探針及輸入重量自動烹調功能一機俱全。

4. 食物溫度探針功能

食物溫度探針可精準控制食材中心的溫度，只需將探針插入食材中心，設定烤溫及加熱模式，當中心溫度到達設定溫度時，烤箱將自動停止加熱，精準料理每道佳餚。

5. 專業蒸氣烹調功能

多段蒸氣隨心調控，蒸燉烤烘全面包辦。無論蒸煮海鮮或米飯，還是烤出酥脆多汁的肉類料理，抑或是膨鬆脆皮的歐式麵包，皆可透過此模式自動添加適量蒸氣，發揮食材的原始風味，成就大師級美味料理。

極致美味 900 嵌入式舒肥蒸烤箱

25 種烹飪模式介紹

可針對不同食材選擇適當的加熱模式，也可以手動調整溫度與時間。

 標準加熱模式

加熱模式	應用範圍
燒烤	用於燒烤較薄的食材和烤麵包。
加速燒烤	用於烘烤較大的肉塊或帶骨禽肉（烤箱僅放一層），此加熱模式可用於焗烤或將食材表層烤成金黃色。
熱風對流	可同時烘烤或乾燥三個烤架位置上的食材。建議溫度設定較常規烹飪功能（上下火加熱）低 20 至 40℃。
冷凍食品	用於烤冷凍食品（如薯條、馬鈴薯塊或炸春卷等），讓其變得酥脆可口。
常規烹飪 （上下火加熱）	適合烘烤於任一層烤架位置上的食物。
披薩功能	用於烘烤披薩，可集中烘烤至金黃色且底部呈現酥脆狀態。
底部加熱 （下火加熱）	適用於將蛋糕底部烤至酥脆或用以保存食物。

蒸氣加熱模式

加熱模式	應用範圍
真空低溫慢煮 （舒肥烹調）	此功能指以將食材放入真空密封袋中進行低溫烹調。
蒸氣加熱	使用蒸氣再加熱食物，以避免將食材表面烘得太乾。熱氣會溫和且均勻散佈於烤箱中，讓食物回到剛煮好時的口感和香味。此功能可將食材與耐熱容器一起放入烤箱進行加熱，也可以同時多層加熱更多菜餚。
麵包烘焙	用以烘焙麵包和麵包卷，可於酥脆度、顏色和表層光澤達到良好的效果。

麵團發酵	加速發酵麵團，同時可維持麵團彈性並防止麵團表面變乾燥。
全蒸氣	適合用於烹調蔬菜、配菜和魚類。
專業級高濕度	高濕度蒸氣烹飪，此功能適合用於烹調精緻的菜餚，如卡士達醬、法式布丁、肉醬和魚類。
專業級中濕度	中濕度蒸氣烹飪，此功能適合用於燉煮或燜煮肉類、麵包和甜麵包麵團。於加熱過程中結合蒸氣與烘烤功能，讓肉類達到鮮嫩多汁的口感，而麵包可達到酥脆且具有光澤的表層。
專業級低溼度	低溼度蒸氣烹飪，此功能適合用於肉類、家禽、烤箱菜和砂鍋菜。藉由少量蒸氣與高溫烘烤的過程，讓肉類達到外酥內嫩的口感。
蒸氣烹飪 （Steamify® 智慧蒸氣烹飪）	使用蒸氣進行蒸煮、燉煮、酥烤、烘焙、烘烤。

特殊模式

加熱模式	應用範圍
保存	用以保存蔬菜，像是泡菜等。
脫水 / 乾果	用於烘乾切片水果、蔬菜及香菇等食材。
乳酪功能 （優格功能）	用以製作優格。
餐具保溫	溫杯盤以幫助保溫剛熱好的菜餚。
解凍	溫和解凍蔬菜、水果等食材。解凍所需的時間取決於冷凍食品的份量與大小。
焗烤	用於烤千層麵或焗烤馬鈴薯等菜餚，適用於製作焗烤或讓食材表層上色。
慢煮	用於烹調希望呈現鮮嫩多汁口感的料理。
保溫	用於保溫食材。
潤風烘焙 （節能烘烤）	開啟此功能可於烹調期間節省能源。使用此功能時，烤箱內的溫度可能與設定溫度不同。此功能會使用餘溫加熱，加熱火力可能被降低。

常用醬料介紹

畫龍點睛的醬料，在料理中也扮演舉足輕重的角色，
現在台灣也買得到來自世界各地的特殊香料了，不
妨週末就來下廚試試看吧！

經典台式醬料

最熟悉的好味道

香菇素蠔油

以金蘭油膏為基底技術，精選日本香菇精華，讓風味更甘甜鮮美，濃厚、入味、回甘，多種料理一瓶搞定，讓料理增添鮮味，無添加焦糖色素，色澤紅金透亮，葷素皆可不受限。

無添加原味醬油

原料只有非基改黃豆、小麥、食鹽、水，再以金蘭純釀工藝釀造，只有原味卻依然美味，更通過清真 HALAL 認證。

薄鹽醬油

鹽分比一般傳統醬油降低 30%-40%，但仍保有原來的香醇醬香，減鹽不減美味。

烤肉醬

可以豐富肉類口感，省去傳統烤肉繁瑣備料。具有獨特之金蘭烤肉配方，讓烤肉活動更輕鬆、更大飽口福。

煙燻風味油膏

醬香中帶著煙燻香氣，最適合搭配海鮮涼拌一同品味。煙燻風味油膏的特殊滋味，讓沁心透涼的食材華麗轉身，煙燻濃郁，是精彩的味道。

哇辣醬

經典「台灣辣」，以台灣辣椒、高級豆豉、香辛蒜蓉和金蘭釀造醬油製成。鮮、甘、香、一次滿足，用來搭配煎餃、炒麵、拌飯，香而不膩、辣而不刺激，尾韻蒜香回味無窮。

十三香滷味醬

採用金蘭純釀造醬汁添加獨家香辛料調製而成，只要將十三香滷味醬加三倍水稀釋，加入滷味食材後，不需添加任何佐料，經適當時間（一般約慢火 1 小時）即可滷得色、香、味俱佳。

麻辣鍋底醬

以漢方中藥材、天然香料、金蘭釀造醬油為基底，經慢火熬煮而成。麻香帶勁辣而不嗆，加水或高湯（麻辣醬：水＝1：7）即可食用，比一般麻辣鍋涮肉更快速入味，花椒麻香尾韻垂涎回味，可烹調製成麻辣火鍋、麻辣豆腐、麻辣牛肉麵，一吃就上癮！

香港風華經典味

星級主廚的秘密武器

金鳳標調合液

深受餐廳愛用，業界又稱為「鉅利老抽」，可增進菜餚的色澤，具有醬油香氣，能取代傳統炒糖色炒醬色，燉蹄膀、紅燒肉、煮醬油雞、炒飯、炒麵、炒河粉、滷味、蘸水餃炸物、醃製肉類皆可。

橋牌生抽王

為港式醬油，比一般醬油更具豆香味，能為菜餚提鮮，任何使用醬油的菜餚皆可使用，無論蒸魚、炒菜、海鮮及蘸食等，皆可替代醬油使用。

柱侯醬

富有豆豉和獨特辛香料味道，煎炒後香氣撲鼻味道鹹香，最適合拿來製作成柱侯牛腩煲、柱侯雞，也適用於滷味、醃製、醬爆菜餚。

海鮮醬

口味甘甜鹹香，炒海鮮、燒魚頭、烤鴨或回鍋肉都非常出色，也可用於醃製或蘸食。

磨豉醬

以磨碎無顆粒狀的麵豉醬而成，附有豆豉香味，適用於各式豆豉調味需求。

乳豬醬

針對燒烤肉類調製沾醬，風味甘甜香醇，可作為烤乳豬、燒肉的蘸醬，也可以用作爆炒佐料。

荳瓣風味辣椒醬

辣度適中，味道微甘不過鹹。適合各式辣味菜餚。如宮保、麻辣菜色。也可直接蘸食。

南乳（磨豉醬塊狀）

以紅麴米和酒醃製發酵，富有上海風味，需要烹煮使用。可作南乳燒雞、南乳豬手、素菜調味。

鎮江醋

醋香濃郁，顏色黝黑，可作為大閘蟹、蝦仁、海鮮蘸料，亦可加入麵食與炒菜和海鮮。

菓液唸汁

有水果獨特風味的水果醋，蘸春卷、炸海鮮等各式炸物。

玩轉辛香料

點亮味蕾的魔法

鮮磨黑胡椒

特別精選篩出高品質黑胡椒粒，顆粒完整，香味濃郁，高級食材最佳絕配。

鮮磨白胡椒

高品質白胡椒粒，香味濃郁，顆粒完整，高級食材最佳絕配。

純薑黃粉

薑黃粉又名鬱金香粉，精選薑黃研磨，不含任何色素及添加物，具金黃色澤和香味，適用於咖哩、米飯、海鮮、醃漬等料理。

百里香葉

百里香葉是西式料理中基本必備香料之一，適用於燉煮，也可揉入軟化奶油作為塗抹烤醬，常用於烤雞或麵包塗醬。

孜然風味料

頂級孜然風味，濃厚溫潤多層次，可祛除肉類腥羶味，最適合牛羊肉料理，輕鬆呈現草原料理風情。

綜合義大利香草

精選多種香辛料，以黃金比例調配，濃郁芳香，適用於義大利紅醬麵食或肉類料理。

七味唐辛子

日本代表性的綜合香辛料，微辣解膩，具香氣與口感，入菜不搶味，並能點綴菜餚。

蒜風味油

精選頂級香蒜原粒，融合進口的純芥花油。採用獨特低溫爆香機制，減低油脂破壞，保留蒜本身的甘甜與濃郁香氣。省爆香、少油煙，只要幾滴就能輕鬆料理，每道都是低油煙健康烹調的美味佳餚。

泰式甜辣醬

蘸拌：用於炸物、沙拉、涼拌菜。

料理：適用各式肉類料理，完美演繹甜酸微辣道地泰國風味。

燒烤：可用做燒烤塗醬。

泰式打拋醬

泰式道地風味，嚴選羅勒、辣椒、大蒜、香茅等多種辛香料搭配製作，口味酸鹹合宜、香氣濃郁開胃，適合搭配絞肉、青菜、海鮮食材烹炒，極度下飯，讓人食慾大開。

醬料世界地圖

舌尖上的地球村

TABASCO 煙燻辣椒汁

使用胡桃木古法煙燻墨西哥辣椒，再加入 TABASCO 經典紅椒汁，就成了 TABASCO 獨有的煙燻辣椒汁。煙燻香氣豐富，與各種肉品百搭，可作為醃漬肉品底醬，也可直接當淋醬，辣度適中。

TABASCO 哈巴尼羅辣椒汁

TABASCO 哈巴尼羅辣椒汁是 TABASCO 系列中最為辛辣的醬料。這款牙買加風味的辣椒汁是由辣度最高的哈巴尼羅辣椒，搭配芒果、木瓜、羅望子、香蕉、薑與黑胡椒粉調和而成，口味雖最為辛辣卻帶有濃郁的果香與清甜。適合使用於各國料理以及烤肉醬汁。

亨氏番茄醬

選用優質紅熟番茄製作，含有番茄紅素（Lycopene）、維生素 C，以及胡蘿蔔素等多種營養成分。醬體濃稠，保留純正的番茄風味，酸甜開胃。

史雲生清雞湯

選用上等雞熬足 3 小時製成，滴滴都是鮮雞精華，脂肪含量少於 1%，味道鮮甜可口，適合烹調各式湯麵及湯底，提昇食物美味。

卡夫帕瑪森起司粉

以義大利帕瑪森乳酪製成，香氣濃郁且水分含量低，用途廣泛，例如沙拉、熱湯、燉、煮、義大利麵、麵包、餅乾等菜色皆可。適合撒在披薩、義大利麵上，亦可作為麵包和起司餅乾的原料，加入濃湯或搭配凱撒沙拉都很完美。

Heinz 李派林烏斯特醬汁

由鯷魚、洋蔥、大蒜、羅望子、丁香和辣椒平衡混合所製成，通常用來醃牛肉、豬肉、雞肉或海鮮，也能加在湯、燉菜中或製作淋醬等醬料。

La Masia 西班牙 特級初榨橄欖油

味道帶有新鮮青草味，富含細緻香氣，是 100% 橄欖果實壓榨而成的純天然油質，所含不飽和脂肪酸及維生素，是現代人飲食不可或缺的健康油質。適合搭配沙拉、義大利麵、肉類、魚類、各式海鮮或燉飯等。

BIANCO e NERO 義大利白松露風味橄欖油

特性在於其持久豐富的香氣，能感受到白松露最特別、最原始的氣味。白松露的香氣堅實且香醇，即使開罐一段時間後，仍然能夠保持剛開罐時的松露芳香，搭配義大利麵及燉飯更是無懈可擊。也適合搭配肉類或魚，食用前只需滴幾滴在主菜上，立即散發出明顯的松露香。

BIANCO e NERO 義大利松露蘑菇醬

夏季松露及義大利蘑菇的絕佳組合，以傳統古法「Urbani House」（特級初榨橄欖油加大蒜、鹽及胡椒）的方式烹煮而成。松露蘑菇醬使用方便，搭配義大利麵、烤麵包或肉類、魚都合適。

McCormick 味好美墨西哥塔可調味粉

墨西哥塔可的專屬香料，可加在肉品、根莖類蔬菜上烹調，亦可撒在玉米片上。可搭配美式料理、墨西哥料理、西餐、PIZZA、義大利麵、歐式麵包等。也可用作醃製牛雞豬肉，做 BBQ 燒烤用。

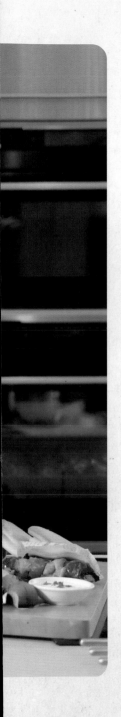

噴香豪邁肉食料理

以大口吃肉為號召,哈巴尼羅排骨 BBQ、印地安爐烤
煙燻戰斧牛排、脆皮糖霜蜜汁叉燒皇和法式萊姆羔羊
排佐蔬菜等,讓愛吃肉的人都可以找到最適合自己的
肉食饗宴。

哈巴尼羅排骨 BBQ

哈巴尼羅辣椒汁為 TABASCO 辣椒汁系列中辣度最高的，將伍斯特醬與各式醬料、香料一起製作成醃料，再將豬肋排放入醃製，再以烤箱烤至表面焦香，酸甜辛辣又不失爽口，讓人一下就掃光盤底。

200度　　**20分鐘**　　**加速燒烤**

🥦 **材料**

豬肋排 4 支、酸黃瓜適量

🧂 **調味料**

鹽適量、月桂葉 3 片、薑片 50 克、七味辣椒粉少許

🍊 **肋排醃料**

哈巴尼羅辣椒汁 30ml、番茄醬 25ml、伍斯特醬 30ml、大蒜粉 5 克、粗黑胡椒粒 2.5 克

🍲 **作法**

1. 所有醃料食材全部倒進果汁機攪拌成液狀備用。

2. 豬肋排、月桂葉、薑片放入鍋中，以冷水下鍋煮至沸騰，燉煮 30 分鐘後撈起後洗淨備用，起鍋前加入少許鹽調味。

3. 將醃料倒入煮好的排骨中，放進冰箱醃 24 小時，讓其入味。

4. 將醃製好的排骨放進烤箱以加速燒烤模式，設定 200 度烤 20 分鐘取出。

5. 排骨盛盤，配上酸黃瓜，撒上七味粉，即可完成。

脆皮糖霜蜜汁叉燒皇

叉燒是廣式美食中歷久不衰的美味，傳統的叉燒是將以叉子叉進豬肉後，再放
於爐火上烤製而成。其實在家用電鍋或烤箱也可以製作，出爐後的叉燒肉，撒
上白糖炙燒一下，如粵菜餐廳般的高級美味就此誕生。

180度　12分鐘　專業級低溼度

材料

松阪豬 600 克、檸檬 1 顆、白糖 100 克

叉燒醬材料

海鮮醬 100ml、甜麵醬 50ml、二號砂糖 250 克、一般醬油 35ml、老抽醬油 30ml、蠔油 25ml、豆腐乳 5 克、五香粉 1 克

作法

1. 用刀子將松阪豬表面劃切約 0.5cm 的深度。

2. 將叉燒醬塗抹在整個松阪豬肉上，放進冰箱冷藏醃製 12 小時入味。

3. 取出醃製好的松阪豬肉，放進烤箱，以專業級低溼度模式，設定 180 度烤 12 分鐘後取出，切成適當大小。

4. 叉燒肉上層撒上白糖，以噴槍炙烤至焦糖化，即可完成。上桌時可搭配檸檬片一起食用。

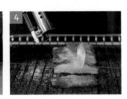

叉燒醬作法

● 將叉燒醬材料倒入碗中攪拌均勻，即可完成叉燒醬

Tips

1. 用刀子將肉品或魚肉表面劃切深度，這作法可使其更入味，也可以避免烤製時食材捲曲影響賣相。

2. 為了有最佳的焦糖脆皮效果，建議炙燒時噴燈距離叉燒 10cm 左右較為適當。

古巴 MOJO 烤雞佐酪梨莎莎

來自西班牙加那利群島的 MOJO 醬，最早的原型是將橄欖油、海鹽與香草所調合的醬汁，多用來搭配各式 Tapas 小點。隨著歷史發展，西班牙殖民者將 MOJO 醬遠渡重洋帶到拉丁美洲，讓傳統的 MOJO 醬在當地開枝散葉，陸續延伸出不同的醬汁版本。身在現代的我們，也可以發揮自己的創意吃法，例如作為肉類的醃料或三明治的抹醬，都讓人感到驚艷。

180度

35分鐘

加速
燒烤

材料

帶骨雞腿 4 支、洋蔥 150 克

MOJO 醬材料

柳橙汁 200ml、檸檬汁 50ml、蒜頭 30 克、孜然粉 30 克、
奧勒岡粉 3 克、鹽適量、黑胡椒粒 5 克、橄欖油 100ml、
芫荽 30 克、檸檬皮 20 克

酪梨莎莎醬材料：

酪梨 1 顆、聖女小番茄 10 顆、鳳梨 50 克、洋蔥 30 克、
MOJO 醬 100ml

作法

1. 洋蔥切成小塊備用。

2. 將洋蔥跟雞腿一起拌入適量 MOJO 醬，攪拌均勻後，
   醃製 3 小時備用。

3. 烤箱先預熱，接著將醃好的雞腿和洋蔥塊放進烤箱，
   以加速燒烤模式設定 180 度烹飪 35 分鐘。

4. 取出後，放上酪梨莎莎醬即可完成。

MOJO 醬作法

將除了橄欖油以外的 MOJO 醬材料全部倒入果汁機中攪打
10 秒，再倒進橄欖油混合均勻，即可完成 MOJO 醬。

酪梨莎莎醬作法

酪梨、小番茄、鳳梨、洋蔥全部切成小丁狀，再倒入碗中
攪拌均勻，最後混合調製好的 MOJO 醬，即可完成酪梨莎
莎醬。

墨西哥辣椒雞肉卷

烤雞肉卷作法簡單且富含蛋白質，能提供源源不絕的能量。墨西哥辣椒讓起司帶上刺激味蕾的口感，搭配雞肉或牛肉一起捲進去都別具風味。

200度

15分鐘

燒烤

材料

墨西哥辣椒 6 根、去骨雞腿肉 150 克、切達
起司 6 片、煙燻培根 1 包

調味料

鹽適量、黑胡椒粒少許、紅椒粉適量

作法

1. 去骨雞腿肉切成長條狀，加入調味料醃
   製 15 分鐘備用。
2. 切達起司切成長條狀、墨西哥辣椒整根
   剖半去籽備用。
3. 煙燻培根鋪底，依序包入墨西哥辣椒、
   起司片、雞腿肉，一同捲成圓筒狀。
4. 放進烤箱以燒烤模式設定 200 度 15 分
   鐘，烤至表面酥脆即可。

秘魯黃椒奶油辣雞

雞肉是秘魯當地常見的食材，這道菜也是在秘魯街頭巷尾的餐廳小黑板上最常
出現的料理之一。略辣和明亮的黃椒先炒過後再攪打成醬汁是關鍵，與麵包或
米飯搭著吃都很對味。

100度 **12分鐘** **全蒸氣**

材料

雞胸肉 250 克、馬鈴薯 2 顆、白吐司 4 片、黃甜椒 4 顆、蒜末 30 克、洋蔥丁 100 克、堅果 30 克、帕瑪森起司粉 100 克、高湯 300ml、牛奶 150ml、橄欖油 50ml、無鹽奶油 20 克、巴西里適量

調味料

鹽巴少許、胡椒適量、白糖適量

作法

1. 馬鈴薯削皮切塊後,和雞胸肉一起放進蒸烤箱,用全蒸氣模式以 100 度蒸 12 分鐘後取出。

2. 將吐司放進牛奶中浸泡備用。

3. 將黃甜椒去籽、切塊,放進果汁機,加入橄欖油混合打勻,再加入步驟 2 食材和堅果一起攪打成甜椒醬汁。

4. 鍋中加入奶油,爆香蒜末和洋蔥丁,加入高湯和調味料,再將打好的甜椒醬汁倒入鍋中,燉煮 3 分鐘。

5. 最後加入馬鈴薯和雞胸肉,撒上起司粉和巴西里,即可完成。

Tips

烤箱如有多層同時料理的功能,可以將不同食材同時放進烤箱上下層以節省料理時間。

法式萊姆羔羊排佐蔬菜

很多人都不敢吃羊肉，多是因為害怕它自帶的羊羶味，但其實只要利用舒肥的功能，就能降低肉品的生腥味。另外，再利用香料的特殊氣息來轉換注意力，最後用煎鍋封住美味，外酥內軟、香味濃郁的羊排令人垂涎三尺。

57度 | **90分鐘** | **真空低溫慢煮**（舒肥烹調）

🍳 **材料**

羔羊排 8 支、甜玉米 1 根、紅甜椒半顆、黃甜椒半顆、櫛瓜半根、檸檬 1 顆、無鹽奶油 20 克

🍅 **醃料：**

黃萊姆 1 顆、蒜頭 6 顆、市售蒜風味油 100ml、魚露 20ml、白糖 5 克

🧂 **調味料**

市售香蒜粒適量、鹽少許

🍲 **作法**

1. 將黃萊姆表皮去除，放進果汁機中，接著依序放進蒜頭、蒜風味油、魚露和白糖攪打均勻。

2. 將羊排和切塊蔬菜放進真空袋，並加入步驟 1 醃料後抽真空封口，放進烤箱以真空低溫慢煮模式，設定 57 度 90 分鐘進行低溫舒肥。

3. 將舒肥好的羊排取出，去除表面醃料，鍋中加入奶油，以中火兩面各煎 30 秒，至表面上色即可取出，取出後靜置 8 分鐘備用。

4. 利用鍋中餘油再放進蔬菜拌炒，加入調味，即可完成。

 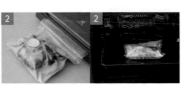 

Tips

1. 如果沒有真空機，可以使用夾鏈袋取代。將裝好食材的袋子壓入冷水中，利用水壓由袋口排出空氣。另外，請注意要選擇耐熱的夾鏈袋喔！

2. 羊排煎好後靜置，可以讓整塊羊排的溫度變得均勻，也能讓肉汁回流到受熱後變較硬的表層，讓整體口感更鮮嫩多汁。

印地安爐烤煙燻戰斧牛排

「食物探針」的最大功用就是可以很快知道較厚的食材內部是否熟透，如烤雞、牛排和厚豬排等，精準控制完美熟度。在家製作戰斧牛排料理非難事，只要準備醃料和多練習幾次作法，加上一台兼具控溫與食物探針功能的蒸烤箱，一應俱全，美式餐廳就在你家！

160 度
60 度

機器偵測到食材中心達到指定溫度會自動停止

燒烤食物探針

材料

帶骨肋眼牛排 1 根（約 1000 克）、蒜頭 3 顆、紫洋蔥半顆、西芹一根、甜椒一顆、紅蘿蔔半根、雞高湯 200ml

牛排醃料

市售 TABASCO 煙燻辣椒汁 50ml、黑胡椒粒 3 克、醬油 20ml、米酒 30ml、香蕉泥 1 根、雞高湯 100ml

作法

1. 將牛排表面用叉子斷筋，加入醃料後，放置室溫醃製 15 分鐘。

2. 在烤盤底層鋪上蒜頭、紫洋蔥、西芹、甜椒、紅蘿蔔，再放上醃好的牛排，最後再注入高湯。

3. 烤箱以燒烤模式 160 度預熱，將牛排插入食物探針，設定中心溫度為 60 度。烤箱會自動偵測實際需要的烹飪時間，完成後會自動關閉，出爐後擺盤即可完成。

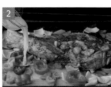

Tips

1. 食物探針是比較特別的功能，以往在料理這麼大塊的肉時，都要依靠廚師的經驗去判斷料理是否完成。現在有這麼便捷的科技，只要設定好中心溫度，時間到了機器會自動提醒你，真的是太方便了！

2. 戰斧屬於比較厚的肉排，加入含有天然酵素的香蕉果泥醃製，可以幫助軟化肉質，且製作成泥狀，較能夠均勻分布。也可依照個人喜好使用其他果泥（例如：鳳梨）取代，會有不同的風味。

3. 本食譜使用的是雞高湯，因為風味較為清爽且能襯托出蔬菜與戰斧牛排的風味。

4. 這道菜屬於比較隨性的料理，一樣可依照個人喜好選擇喜歡的蔬菜，或是增減份量

舒肥十三香油封鴨腿

有中華料理百搭之王美譽的「十三香」，顧名思義就是由十三種香料組合而成的
調味料，主要功用為去腥和提味，常見多用於炒菜、麵食或肉類。事先用十三
香醃製再油封過的鴨腿，肉質香嫩、皮脂豐腴，傳統法式到融合中式，迸出全
新滋味。

80度
230度

4小時
12分鐘

真空低溫慢煮
（舒肥烹調）
加速燒烤

材料

鴨腿 3 支、橄欖油 150ml、花椒粒適量、八角 3 顆、月桂葉 3 片

鴨腿醃料

蒜末 20 克、薑末 20 克、米酒 60ml、老抽醬油 15ml、生抽醬油 15ml、蠔油 30ml、十三香粉 5 克、孜然粉少許、黑胡椒粒適量、糖 10 克

作法

1　鴨腿加入醃料，放置冰箱醃 12 小時備用。

2　將醃製好的鴨腿刮除表面醃料，放入真空袋中，再加入花椒粒、八角、月桂葉和橄欖油後封口。

3　放入烤箱，以真空低溫慢煮模式，設定 80 度 4 小時進行低溫舒肥。

4　將低溫舒肥完成後的鴨腿表面吸乾水分，再次放進烤箱，以加速燒烤功能，設定 230 度 12 分鐘，烤至表面金黃酥脆，即可完成。

 Tips

如果沒有真空機，可以使用夾鏈袋取代。將裝好食材的袋子壓入冷水中，利用水壓由袋口排出空氣。另外，請注意選擇耐熱的夾鏈袋喔！

宮廷原湯裝羊蒜

民間素有「冬不食羊不為補」的說法，說到冬天進補，當然少不了一鍋香噴噴的羊肉湯或燉羊肉。羊肉營養價值豐富，天氣寒冷時吃羊肉，可以增加熱量，補充身體所需的營養，慢燉的羊肉滋補不上火，煮熟的羊肉多汁味美，最適合配米飯和麵條。

100度

 2小時

 慢煮

材料

羊腩 500 克、蒜頭 200 克、
乾辣椒段 4 支、薑片 3 片、
水 200ml

調味料

鹽適量、市售蒜風味油適量

作法

1. 羊腩切塊後，冷水下鍋汆燙去血水和腥味，重複兩次後，沖水洗淨後備用。

2. 蒜頭去皮後對切成蒜丁。

3. 熱鍋加入蒜風味油與蒜丁以小火爆香，加入羊肉炒勻備用

4. 炒好的羊肉，加入水、薑片、乾辣椒段一起入鍋。放入烤箱後以慢煮模式設定 100 度燉煮 2 小時即可完成。

 Tips

羊肉冷水下鍋，重複兩次可以將腥味袪除的更乾淨，減少大家害怕的羶味。

極上海鮮料理

海鮮料理的關鍵在於烹調時間，威靈頓三文魚排、金桔蒔蘿白湯醬鮭魚、麝香葡萄酒烤蛤蜊小卷，再來一道印度煎餅起司蝦卷，可口又開胃，在家就能享受「上鮮」大海滋味！

金桔蒔蘿白湯醬鮭魚

市售的豬骨高湯相當於濃縮家庭 10 倍親熬的高湯，一般人在家不必如此費工，將烤過的魚骨頭熬煮濾淨後也能有相似風味。將高湯混入白酒、洋蔥，並加入金桔煮至濃稠，淋在煎到約 7 分熟的鮭魚排上，襯出鮮美滋味。

200度　　20分鐘　　專業級低溼度

🥦 材料

鮭魚菲力 200 克、洋蔥 30 克、蒔蘿適量、金桔 4 顆、白酒 50ml、市售豬骨高湯 150ml、無鹽奶油適量、蛤蜊清肉 200 克、橄欖油適量

🧂 調味料

鹽適量、黑胡椒粒少許

🍲 作法

1. 洋蔥切成碎丁後入油鍋爆香，倒入白酒煮至酒精完全揮發，再倒進豬骨高湯繼續燉煮 2 分鐘。

2. 高湯中放入蛤蜊清肉、鹽和黑胡椒煮至沸騰。

3. 起鍋前拌入奶油至濃縮糊化，最後加入金桔和蒔蘿，製成醬汁離火起鍋備用。

4. 鮭魚撒上少許的鹽和黑胡椒，放進烤箱以專業級低溼度模式，設定 200 度烤 20 分鐘後取出，淋上步驟 3 的醬汁即可完成。

蔓越莓香菲達起司中卷

小卷、中卷、軟絲、透抽這幾樣海鮮食材,與水果特別對味,加上起司一起入烤箱烤,就是一道大人小孩都會秒殺的料理,此時搭上一杯白酒或啤酒,簡單就進入了微醺小酌時光,怎麼可以不愛呢?

200度

6分鐘
12分鐘

熱風
對流

材料

中卷 200 克、蔓越莓 50 克、檸檬 1 顆、小番茄 10 顆、紫洋蔥 30 克、薏仁 50 克、菲達起司 50 克、蒜末 5 克、蝦夷蔥末 1 根

調味料

市售蒜風味油 30ml、伍斯特醬 30ml、鹽 5 克

作法

1. 中卷洗淨並去除內臟、切片，放進烤箱以熱風對流模式，設定 200 度烤 6 分鐘後備用。

2. 檸檬切成半月形，接著和小番茄一起放進烤箱，設定熱風對流模式，以 200 度烤 12 分鐘，烤至金黃略焦色澤。

3. 薏仁用沸水煮 8 分鐘，熟透變軟後，瀝乾水分。

4. 將所有食材倒入碗中，加入全部調味料一起拌勻，盛盤即可完成。

Tips

烤箱如有多層同時料理的功能，可以將步驟 1+2 的食材同時放進烤箱，6 分鐘到先取出烤好的中卷，以節省時間。

印度煎餅起司蝦卷

在生鮮超市就可以買到的印度煎餅，加上些小巧思，將蝦子還有起司捲起來放到烤箱，就是道誘人的料理，還可以成為孩子放學後的小點心，印度煎餅平時還可以拿來做「偽蛋餅」，一餅多用，好方便！

180度　　**15分鐘**　　**披薩功能**

🥗 **材料**

印度煎餅 3 片、白蝦 12 隻、莫札瑞拉起司片 3 片

🧂 **調味料**

鹽 1/2 小匙、白胡椒粉 1/4 小匙

🍲 **作法**

1　把蝦頭和蝦殼去除、去腸泥、保留蝦尾，再用廚房紙巾吸取多餘的水分，用鹽巴和白胡椒粉醃至入味。

2　將起司片切成 4 等份，印度煎餅切成約莫 3cm 的長條狀備用。

3　將蝦子先捲上 1/4 起司片，再將煎餅捆捲在蝦肉上做成蝦卷。

4　蝦卷放入烤箱，設定披薩功能模式，以 180 度烤 15 分鐘，烤至表面金黃即完成。

威靈頓三文魚排

誰說只有聖誕節才能吃這道菜，平時也可以霸氣端上桌！這次改變作法，我們加入點「台味」，將酥皮改成手抓餅，放入烤箱烤出來時，口感更帶嚼勁。再搭上綿密細緻的菠菜泥，鮭魚油脂鮮甜適中，星級美食也能在家飄香。

190度　 **15分鐘**　 **專業級低溼度**

材料

菠菜 20 克、乳酪起司 40 克、市售手抓餅 1 片、鮭魚排 1 片（大小約 5cmx7cm）、雞蛋 1 顆、油少許

調味料

黑胡椒粒 1/2 小匙、鹽適量

作法

1　將菠菜切段，鍋中加入少許油炒軟後，起鍋後瀝乾水分。

2　將炒好的菠菜拌入乳酪起司、鹽和黑胡椒，混合成醬料備用。

3　抓餅從冰箱取出，常溫解凍後，將醬料薄薄塗抹在抓餅表面，放上鮭魚排，再包裹成長方型。

4　表面塗上蛋液，放進烤箱以專業級低溼度模式，設定 190 度烤 15 分鐘，即可完成。

Tips

三文魚是英文「Salmon」的音譯，也就是我們常見的鮭魚。不過有些人因為魚肉的用途不同，而會刻意把三文魚跟鮭魚分開稱呼。

紙包烤葡萄柚九層塔鱸魚

紙包的作法簡單，鱸魚能藉此吸足所有食材的香氣，同時又能保有嫩度。放入蒸烤箱中輕鬆一按，鱸魚與葡萄柚的芬芳果香、酸甜汁液美妙融合，出爐後魚皮香酥、魚肉鮮嫩多汁，營養又兼具開胃。

200度　　**18分鐘**　　**專業級中溼度**

🥦 材料

鱸魚菲力 250 克、葡萄柚 4 片、小番茄 5 顆、九層塔適量、無鹽奶油 15 克、橄欖油 25ml、白酒 30ml

🧂 調味料

鹽適量、白胡椒粉少許

🍲 作法

1. 葡萄柚去皮和白膜以減少苦味，切成 0.5cm 厚片狀備用。

2. 烘焙紙中央塗上一層奶油防止沾黏，先放鱸魚，再撒上鹽、白胡椒粉調味。

3. 小番茄對半切，和葡萄柚和九層塔一起放上烘焙紙，淋上橄欖油和白酒，再用烘焙紙包起來。

4. 放進烤箱，設定專業級中濕度，用 200 度烤 18 分鐘，即可完成。

麝香葡萄酒烤蛤蜊小卷

西班牙風味的派對 TAPAS 小食料理，是眾所皆知的異國下酒菜王者。簡單易做，蒜香加上白酒風味迷人，連湯汁都能用麵包蘸得一滴不剩，特別是還能拿來當作醬料的基底，烹調成燉飯也非常適合。

200度　**15分鐘**　**焗烤**

🍲 馬鈴薯泥材料

馬鈴薯 2 顆（約 300 克）、鮮奶油 80ml、蛋黃
1 顆、無鹽奶油 20 克、鹽少許、蒜末 10 克

🧂 肉餡材料

豬絞肉 300 克、蒜末 20 克、洋蔥丁 50 克、小
番茄 5 顆、四季豆 50 克、市售泰式打拋醬 60 克、
醬油 20ml、泰式魚露少許、九層塔適量、低筋
麵粉 20 克、油少許

🍜 作法

1. 將馬鈴薯削皮切薄片，放進少鹽的沸水煮熟
   後瀝乾水分，倒回鍋中搗成泥狀。

2. 處理好的馬鈴薯泥，加入鮮奶油、蛋黃液，
   以小火一起慢煮，攪拌均勻後，關火備用。

3. 鍋中倒入少許油，爆香蒜末、洋蔥丁和豬絞
   肉，陸續加入小番茄、四季豆、泰式打拋
   醬、醬油、泰式魚露一起拌炒，起鍋前再加
   上九層塔增加香氣。

4. 炒好的肉餡加入低筋麵粉拌炒至微稠後關
   火。

5. 將肉餡放進容器，表層鋪滿馬鈴薯泥，放進
   烤箱設定焗烤模式，以 200 度烤箱烤 15 分
   鐘，表面烤至金黃即可完成。

佬墨牛肉鷹嘴豆紅薯

鷹嘴豆富含植物蛋白、維生素和膳食纖維等，是相當高營養的豆類植物，以墨西哥香料和優格混搭後加上烤紅薯，想吃異國風味料理免出門，自己在家動手做也能與家人享用。

210度　**40分鐘**　**蒸氣烹飪**

材料

紅心地瓜 4 顆、牛絞肉 200 克、洋蔥
丁 100 克、紅甜椒 100 克、蒜末 30 克、
青椒 100 克、罐頭鷹嘴豆 50 克、酪
梨泥 1 顆、市售無糖原味優格 1 杯、
墨西哥辣椒 20 克、油少許

調味料

匈牙利紅椒粉 2 克、墨西哥
香料粉 5 克、鹽適量

作法

1. 紅心地瓜洗淨後，包覆錫箔紙入烤箱，設定蒸氣烹飪模式以 210 度蒸烤
   40 分鐘。

2. 鍋中加入少許油，爆香蒜末、洋蔥丁、牛絞肉和調味料拌炒。

3. 起鍋後加進紅椒丁、青椒丁、鷹嘴豆和墨西哥辣椒丁混合拌勻，製成牛肉
   餡備用。

4. 蒸好的紅薯中間切開，填入炒好的牛肉餡和酪梨泥，搭配優格一起食用。

Tips

台灣比較常見的鷹嘴豆大多以罐頭形式販賣，使用前記得
先瀝乾湯汁喔！

青辣椒優格燒烤雞

印度和希臘的雞肉料理常喜歡與優格搭配，不管是作為蘸醬或醃料，優格總能讓雞肉吃起來更嫩口，燒烤雞熱呼呼出爐後，夾進稍微烤過的小刈包或麵包中一起食用，拿來作為野餐料理，肯定能讓所有人大為讚賞。

200度

 10分鐘 8分鐘

 加速 燒烤

材料

去骨雞腿肉 600 克、彩色小番茄 12 顆、小刈包 6 個

雞肉醃料

蒜頭 30 克、薑 10 克、帕瑪森起司 30 克、荳蔻粉 5 克、鹽 5 克、太白粉適量、芫荽 15 克、青辣椒 3 條、市售無糖原味優格 60 克、鮮奶油 100ml

作法

1. 雞腿肉去皮,切一口大小備用。

2. 青辣椒去籽,將所有醃料的材料放進果汁機攪拌備用。

3. 將雞肉放進醃料中,醃製 2 小時入味。

4. 取竹籤,分別串雞肉和番茄,撒上適量太白粉,放進烤箱以加速燒烤模式,以 200 度烤 10 分鐘。

5. 小刈包以相同模式,以 200 度 8 分鐘稍微烤至金黃色,再將雞肉夾進刈包中,即可完成。

 Tips

為了節省時間,小刈包可以與雞肉串同步放入烤箱中烹飪,待 8 分鐘就可以先取出。

療癒系甜點

吃在口裡，甜在心裡，香料風味火烤鳳梨、宮廷桃膠
冰糖燉水梨、本和香糖天使布蕾，最後再來個黑松露
芫荽切達司康，誰說下午茶很難搞，一鍵下去，香噴
噴出爐。

香料風味火烤鳳梨

有地獄廚神之稱的戈登‧拉姆齊（Gordon Ramsay）曾在 Twitter 上表示：「鳳梨是最不該出現在披薩上的食物！」但他最喜歡的一道甜點，卻是焦糖烤鳳梨。如法炮製加以改良後，一道向戈登致敬的甜點，緩緩上桌。

130度　50分鐘　專業級高溼度

🧑‍🍳 **材料**

鳳梨 1 顆、二號砂糖 80 克、市售鳳梨汁 300ml、檸檬皮 5 克

🧂 **香料酒材料**

香草莢 1 根、丁香 3 根、肉桂棒 1 根、萊姆酒 60ml

🍲 **作法**

1. 鳳梨削皮切片備用。

2. 將鳳梨片放入煮好放涼的香料酒中，倒入鳳梨汁。將鳳梨放入烤箱，設定專業級高濕度模式，以 130 度烤 50 分鐘。

3. 烤好的鳳梨取出盛盤，將香料另外取出，剩餘湯汁重複淋在鳳梨上。

4. 將鳳梨撒上檸檬皮裝飾，即可完成。

🍲 **香料酒作法**

1. 二號砂糖和香料一同入鍋，以小火拌炒至焦糖化。

2. 加入萊姆酒至充分融合，降溫備用即可完成。

本和香糖天使布蕾

本和香糖來自日本，是沖繩產甘蔗所製成的粉粒狀糖，特色是礦物質含量高，味道清甜不膩，還帶點淡淡蜜香。把本和香糖拿來做成烤布蕾，吃起來彷彿置身在京都的懷舊咖啡店，徜徉在老派的甜蜜氛圍，洋溢愉悅溫暖的心意。

150度
 40分鐘
 底部加熱

材料

土雞蛋液 80ml、動物性鮮奶油 250 克、全脂牛奶 150ml、本和香糖 30 克、新鮮香草莢 1 條、米麴甘酒 10ml、二號砂糖適量

作法

1 蛋黃與本和香糖攪拌均勻避免結塊，加入鮮奶油，繼續輕輕拌勻，製成蛋黃糖液。

2 全脂牛奶加入香草莢，小火煮至約 80 度關火，倒入米麴甘酒混合均勻，靜置 5 分鐘備用。

3 將步驟 2 的牛奶混合液分段混入步驟 1 的蛋黃糖液，過程避免起泡，再將混合好的布蕾液體倒入容器中。

4 去除表面氣泡，將容器放置烤盤上，烤盤中注入約容器 1/2 高度的熱水，放進烤箱以底部加熱模式，設定 150 度烤 40 分鐘，出爐放涼後，進冰箱冷藏 2 小時。

5 取出布蕾，表面撒上適量二號砂糖，以噴槍炙烤成焦糖即可完成。

 Tips

1. 市售鮮奶油分成植物性跟動物性兩種，特別要注意這道甜點需選擇動物性的鮮奶油，因植物性的容易會有油水分離的情況。

2. 為了避免布蕾表面燒焦，記得入烤箱烤之前，表面要蓋上錫箔紙或是加蓋。

宇治金時風味煉乳蛋糕

有了烤箱就不能少了蛋糕，市售抹茶口味蛋糕價格大多偏高，其實自己做不僅省成本，還可以添加自己喜歡的配料，做成小巧可愛版還能讓孩子帶到學校分享，也可成為自己與閨蜜好友共享的茶點。

160度 **18分鐘** **底部加熱**

材料

無鹽奶油 180 克、砂糖 60 克、煉乳 100ml、雞蛋 4 顆、蛋黃 1 顆、低筋麵粉 200 克、泡打粉 7 克、抹茶粉 15 克、市售紅豆泥 60 克、抹茶冰淇淋適量

作法

1. 先將紅豆泥分成 6 個小圓球。

2. 用攪拌器將奶油攪打至乳霜狀，依序加入砂糖、煉乳和蛋液打勻成奶油霜。

3. 低筋麵粉、泡打粉和抹茶粉過篩，分三次拌入奶油霜中，用橡皮刮刀拌勻。

4. 將蛋糕糊倒入模具分裝，接著輕敲桌面，讓蛋糕糊中的空氣排出，再加入紅豆泥圓球到烤模中。

5. 烤箱預熱至 160 度，以底部加熱模式烤 18 分鐘即可完成，可搭配抹茶冰淇淋一起食用更美味。

Tips

打蛋糕糊時，砂糖、煉乳和蛋液記得一定要依照順序分次加入喔！

百年祕傳
蛋黃芋泥球／肉鬆芋泥球

炸芋泥球為台式古早味小吃，在夜市、餐廳和流水席上幾乎都可見到，甚至發展出內餡中塞進鹹蛋黃的台灣獨有吃法，鹹甜滋味盡在其中。加入肉鬆讓口感更多變化，以烤箱取代油炸，吃起來芋泥更鬆軟且不過於油膩，美味不膩口。

200度　　10分鐘　　常規烹飪

材料

芋頭 600 克、鹹蛋黃 5 顆、豬肉鬆 50 克、橄欖油少許

芋泥調味料

紅蔥豬油 40 克、白糖 50 克、太白粉 10 克、橘子皮末 2 克、鮮奶油 50ml

作法

1　芋頭去皮切薄片蒸軟，趁熱搗成泥，加入紅蔥豬油、鮮奶油、白糖、太白粉和橘子皮末拌勻後放涼備用。

2　將芋泥分成兩批，各自取約 30 克的芋泥揉成小圓球。用手指按出一個凹洞，填入鹹蛋黃或是適量肉鬆後，揉成圓形，製作成兩種口味。

3　將包好的兩種口味芋泥球放至烤盤上，表面刷上少許的橄欖油，放進烤箱以常規烹飪模式，設定 200 度烤 10 分鐘，即可完成。

黑松露芫荽切達司康

司康（Scone）源自 16 世紀的蘇格蘭，常見為鬆圓或不規則形，是最具代表的英式午茶小點。司康上桌，鮮奶油與果醬勢必同步隨行，在台灣，司康不再只有一種面貌，鹹口味也可以迷倒眾生。相信我，芫荽和松露肯定是你意想不到的絕配好味，一口接一口真的不意外。

200度　 **16分鐘**　 **燒烤**

麵糰材料

中筋麵粉 250 克、砂糖 30 克、
無鋁泡打粉 10 克、無鹽奶油
70 克、土雞蛋液 20ml、市售無
糖原味優格 60 克、牛奶 20ml

內餡材料

市售黑松露醬 15 克、芫荽 30 克、
切達起司 30 克、鹽 2 克

其他材料

土雞蛋液適量

作法

1. 先製作黑松露內餡，將芫荽洗淨擦乾、切成碎末，拌入黑松露醬、起司和鹽備用。

2. 將冰凍的奶油取出，用手搓成小碎塊，再與過篩後的中筋麵粉、糖和泡打粉拌勻。

3. 加入冰牛奶、優格、雞蛋液輕拌，再拌入黑松露內餡攪拌成團狀，再以保鮮膜包覆，放進冰箱冷藏 30 分鐘。

4. 將麵團取出壓扁，對半切再重疊，重複 4 次，捏製成厚度約 2-2.5cm 的圓形，表面刷上蛋液。

5. 放進烤箱以燒烤模式用 200 度烤 16 分鐘後，即可完成。

 Tips

1. 使用土雞蛋液可以讓料理香氣更足，成色也更佳。

2. 千萬記得使用冰凍奶油，司康才會有鬆軟層次。

95

宮廷桃膠冰糖燉水梨

香港人對燉品特別講究，不管是湯品或甜品皆是。桃膠又被稱作平民燕窩，而梨可潤肺止乾咳，將滋潤的桃膠搭配雪梨燉煮，潤肺且益肺，加入養胃的冰糖，秋冬喝更滋補。

100度　　50分鐘　　蒸氣加熱

材料

水梨 3 顆、桃膠 10 克、枸杞
12 顆、水 90ml、鹽少許

調味料

冰糖 30 克

作法

1　桃膠洗淨，浸泡 12 小時備用。

2　水梨削皮後頂部切除 1cm，挖除中心梨核後泡入淡鹽水中 3 至 5 分鐘以防
　氧化變色，泡完後瀝乾放置於碗中。

3　枸杞稍微洗一下，梨子中間空心處放入冰糖、枸杞和桃膠，接著加入水至
　碗中。

4　將水梨置於烤箱，開啟蒸氣加熱功能以 100 度烹飪 50 分鐘，即可完成。

Tips

水梨削皮後，皮先不要丟，一起燉煮更有風味。

Chapter
5

新食感輕食

明太子肉鬆小貝、坦多利烤白花椰菜、起司香料蝦多
士、柚香胡椒烤西紅柿，輕食小點交錯激盪迷人風味，
製作容易，不需繁瑣工法，輕鬆即能完成無與倫比的
美味。

文山包種茶泡桂圓雞

文山包種茶香氣以幽雅撲鼻為特色，與桂圓一起熱水泡開，茶湯帶上果香更顯細緻。雞胸肉浸泡其中，以舒肥方式烹調，能維持口感軟嫩多汁，還能保留較多的營養素喔！

63度

55分鐘

真空低溫慢煮
（舒肥烹調）

材料

清雞胸肉 150 克、文山包種茶葉 3 克、
桂圓肉 10 克、綜合生菜 20 克、黑白芝
麻適量、海苔絲少許、熱水 300ml

調味料

鹽適量

作法

1. 文山包種茶葉混合桂圓肉，以熱水沖泡約 5 分鐘。泡出茶色後，將茶湯與
   內容物分開取出備用。
2. 雞胸肉與泡開的茶葉和桂圓肉一同放入真空袋中，以真空機抽取真空。
3. 放進烤箱以真空低溫慢煮模式，用 63 度低溫舒肥 55 分鐘。
4. 將舒肥好的雞胸肉切片盛盤，淋上包種茶與桂圓的茶湯，撒上芝麻和海苔
   絲，搭配綜合生菜即可完成。

Tips

如果沒有真空機，可以使用夾鏈袋取代。將裝好食材的袋子
壓入冷水中，利用水壓由袋口排出空氣。另外，請注意要選
擇耐熱的夾鏈袋喔！

瑪格麗特披薩雞肉餅

披薩作法有很多種，如不喜歡太過厚重的口感，不加麵皮的方式肯定要學！將雞胸肉拍打成薄片狀，再將醬汁、蔬果、香料和起司一起鋪上，放進烤箱烘烤後，口感脆香，熱呼呼的牽絲融化起司，多吃兩片也不嫌多。

200度　**8分鐘**　**披薩功能**

材料

雞胸肉 500 克、牛番茄 1 顆、羅勒葉 8-10 片、莫札瑞拉起司 100 克、洋蔥 40 克、橄欖油少許、披薩用乳酪丁適量

調味料

義大利綜合香料適量、起司粉少許、鹽適量、白胡椒粉少許、市售罐頭番茄醬 150 克

作法

1. 雞胸肉先切成片狀（約 1.5cm 厚），再用刀背拍打至平均大小的薄片。
2. 雞肉薄片灑上鹽、白胡椒粉和義大料綜合香料調味備用。
3. 洋蔥去皮切成圈狀、牛番茄切圓片，用廚房紙巾吸乾水分備用。
4. 將烤盤刷上一層油，放上雞肉薄片，抹上番茄醬。
5. 依序放上番茄片、洋蔥圈、莫札瑞拉起司和羅勒葉，撒上起司粉、乳酪丁。放進烤箱以披薩功能 200 度，烤 8 分鐘後取出，即可完成。

  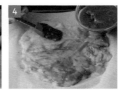 

Tips

羅勒葉若買不到可用九層塔取代喔！

焗烤薯蓉流沙扇貝

Julia Child 經典食譜中的「普羅旺斯聖賈克扇貝 COQUILLES ST. JACQUES À LA PROVENÇALE」，扇貝加上起司用烤箱焗烤的方法，是許多人對法式家常料理初接觸的入門菜之一。加入香菇丁和港台饕客最愛的流沙餡，將這道菜重新研發創作，中西交融，味道更富層次感。

200度 **10分鐘** **焗烤**

材料

扇貝 6 顆、市售馬鈴薯粉 50 克、熱水或高湯 300ml、美乃滋 50 克、洋蔥末 20 克、香菇丁 20 克、蒜末 5 克、油少許

調味料

鹽少許、白胡椒粉適量

流沙餡材料

市售鹹蛋黃粉 40 克、無鹽奶油 40 克、起司粉 10 克、吉利丁片 20 克、水 80ml

作法

1. 馬鈴薯粉加入 300ml 熱水調勻，放涼後拌入美乃滋備用。
2. 扇貝洗淨後汆燙備用。
3. 起油鍋，將洋蔥末、香菇丁和蒜末一起爆香，最後加入鹽與白胡椒調味製作成蔬菜餡料。
4. 將步驟 3 的蔬菜餡、流沙餡鑲至扇貝殼中。
5. 最後以步驟 1 的馬鈴薯泥完整覆蓋殼中餡料後，放進烤箱以焗烤模式，用 200 度烤 10 分鐘即可完成。

流沙餡作法

1. 吉利丁片放進常溫水裡泡軟備用。
2. 奶油放進熱鍋中，接著加進鹹蛋黃粉炒出香氣。
3. 加入水和起司粉調勻，再加進泡軟的吉利丁片，煮至吉利丁融化後，再放進冰箱冷凍成型即完成。

 Tips

最後一個步驟的薯泥要完整密封好，流沙餡才不會烤到一半流出來喔！

明太子肉鬆小貝

說來有趣，肉鬆小貝其實是從北京爆紅回台的小點，可說是肉鬆界裡的網紅蛋糕，到底是鬆軟無比的蛋糕體吸引人，還是口感紮實的肉鬆誘惑人，大家都被這無來由的糕點所征服了。濃香四溢，製作簡單，是一款成功率很高的點心。

160度 　 **8分鐘** 　 **麵包 烘焙**

👨‍🍳 **材料**

吐司 6 片、肉鬆 100 克、
切達起司片 2 片

🧂 **調味料**

市售明太子沙拉醬

🍲 **作法**

1　把吐司冷凍 8 小時後取出，切除吐司邊後，中間以十字刀切成 4 等份，用模
型壓出圓形備用。

2　將吐司塊抹上明太子沙拉醬後，再蓋上一片小吐司，最上面再蓋上一片小起
司片，以相同手法製作其他份。

3　烤盤墊上烘焙紙後，放上做好的吐司塊，放進烤箱以麵包烘焙模式，設定
160 度烤 8 分鐘取出。

4　烤好的吐司塊周邊再抹上明太子沙拉醬，再將吐司塊放入肉鬆中滾動至表面
裹滿即可。

Tips

沒有步驟 1 的模具也沒關係，直接切成方形即可。

起司香料蝦多士

蝦多士是以蝦為餡料的炸吐司小點，是香港獨有的下午茶點心，將英式的三明治加入常見於香港雲吞的蝦漿，再油炸至金黃色而成，反映香港中西文化匯聚的特色，在茶餐廳、酒樓及海鮮酒家都可見到。用烤箱取代油炸，吃起來酥脆不膩，佐茶或咖啡再適合不過。

170度　　**18分鐘**　　**麵包烘焙**

材料

草蝦 12 隻、荸薺 30 克、芫荽末 5 克、吐司 8 片、市售蒜香奶油適量、莫札瑞拉起司片 4 片

蝦泥調味料

鹽少許、白胡椒粉適量、蛋白半顆

作法

1. 草蝦去殼、清除腸泥，以刀背拍成泥。加入荸薺、芫荽末和調味料拌勻成內餡備用。

2. 吐司切邊，將其切開成 4 個小方塊，起司片切成小正方形備用。

3. 將吐司鋪上蝦內餡，中間包入起司片，再蓋上一片吐司。

4. 吐司塊表面刷上蒜香奶油，放進烤箱以麵包烘焙模式，烹飪 170 度 18 分鐘，即可完成。

Tips

蝦泥質地粗細可依個人喜好調整，也可刻意帶點顆粒，讓口感更不同喔！

坦多利烤白花椰菜

白花椰菜不但高纖低熱量，又能取代白米飯的口感，是紅極一時的減肥聖品！
以印度咖哩風味作為調味，整朵白花椰菜入烤箱，帶點焦香最誘人，可以自行
加入馬鈴薯和地瓜增添飽足感，絕對可以成為點餐率最高的派對菜色。

180度

30分鐘
10分鐘

專業級
中溼度

🥦 材料

白花椰菜 1 顆

🧂 坦多利醬材料

薑黃粉 10 克、孜然粉 5 克、辣椒粉 5 克、芫荽粉 5 克、蒜泥 20 克、薑泥 10 克、番茄醬 15ml、椰子油 20ml、龍舌蘭蜜 10ml、醬油 5ml、市售無糖原味優酪乳 200ml、黑胡椒粉適量

🧂 調味料

現磨玫瑰鹽

🍲 作法

1. 將白花椰菜洗淨，切除中間底部根莖後備用。
2. 處理好的白花椰菜充分塗抹坦多利醬，再用錫箔紙包覆表面，放入烤箱以專業級中溼度 180 度烤 30 分鐘。
3. 將錫箔紙取出，白花椰菜表面再抹上一層坦多利醬，再繼續烤 10 分鐘，烤至外層呈現金黃色，最後撒上玫瑰鹽即可完成。

🍲 坦多利醬作法

- 將薑黃粉、孜然粉、辣椒粉、芫荽粉、蒜泥、薑泥、番茄醬、椰子油、龍舌蘭蜜、醬油、市售無糖原味優酪乳、黑胡椒粉倒入大碗中，均勻攪拌即可完成。

奇異果牛小排烤吐司盅

還在為節慶或聚會苦惱該準備什麼餐點嗎？「奇異果牛小排烤吐司盅」只要一端上，鮮豔吸睛，肯定讓大家驚呼聲連連，吐司創意吃法多不勝舉，果香與牛肉結合，味道鹹甜適中，精巧細緻。

180度
220度

5分鐘
6分鐘

加速
燒烤

材料

牛小排 100 克、奇異果 10 克、青蔥末 10 克、洋蔥末 20 克、酪梨 1 顆、厚片吐司 3 片、白松露油少許、青蔥末少許

調味料

泰式甜辣醬 30ml、檸檬原汁 10ml

牛排醃料

鹽少許、黑胡椒粒適量

作法

1 厚片吐司切十字，成 4 個正方形立方體狀，中間挖空刷上白松露油，放進烤箱以加速燒烤模式 180 度烤 5 分鐘定型，烤至表面金黃色備用。

2 牛小排撒上醃料，放進烤箱以加速燒烤模式設定 220 度烤 6 分鐘，取出靜置 8 分鐘後，切丁備用。

3 奇異果、洋蔥、酪梨皆切成丁狀，一起拌進牛小排塊，再加入適量的調味料。

4 將餡料填入烤好的吐司盅，撒上青蔥末裝飾即可完成。

柚香胡椒烤西紅柿

番茄為義大利人最愛的食材，裡頭的茄紅素可降低膽固醇，加上特調醬汁、松子
與香料直接烤箱烤，拿來當午餐或是開胃菜，讓身體負擔降低，也能吃得滿足，
七分飽剛剛好。

200度

10分鐘

焗烤

材料

牛番茄 3 顆、松子 20 克、芫荽
適量

調味料

橄欖油 50ml、蒜末 25 克、醬油 45ml、
柚子胡椒 15 克、山椒粉 5 克

作法

1. 將所有調味料攪拌均勻製作成醬料。

2. 番茄去蒂頭、橫面剖半、切面朝上，淋上調味醬料後醃 15 分鐘。

3. 將醃製好的番茄放上烤盤，撒上松子裝飾。

4. 放進烤箱設定焗烤模式，以 200 度烤 10 分鐘後取出，以芫荽點綴即可完成。

Tips

西紅柿是番茄的別名，這個稱呼最早可以追溯自明朝，當
時因為東西方貿易，番茄、玉米等作物從美洲傳入中國，
因外型酷似紅色的柿子，加上是來自西方的產物，所以被
命名為「西紅柿」。

焗烤洋芋生乳蛋餅

類似「西班牙烘蛋」的作法，可依個人喜好加進各式食材，烘烤出來的蛋餅，吃起來膨鬆柔軟、香味四溢，不僅可當正餐或輕食，拿來當作早餐也讓人覺得幸福指數 100%。

200度　15分鐘　專業級低溼度

🍳 **材料**

雞蛋 5 顆、馬鈴薯 1 顆、洋蔥半顆、黃櫛瓜
1/4 條、綠櫛瓜 1/4 條、小番茄 5 顆、香菇 2 朵、
牛奶 50ml、橄欖油適量、披薩用乳酪丁 30 克、
白蝦仁 10 隻

🧂 **調味料**

鹽少許、黑胡椒粒適量

🍲 **作法**

1　馬鈴薯去皮切成 1cm 厚度片狀，放入鍋中
　　用水煮 3 分鐘，撈起瀝乾備用。

2　洋蔥切絲、黃綠櫛瓜切片、小番茄對半切、
　　香菇切絲、蝦仁去腸泥備用。

3　取一個深碗，將雞蛋液、牛奶攪勻後，加
　　入所有食材和調味料均勻混合。

4　將步驟 3 的混合蛋液倒入鑄鐵平底鍋中，
　　放入烤箱，設定專業級低溼度模式以 200
　　度烤 15 分鐘即可完成。

港式蟹肉奶油焗白菜

常去港式茶餐廳的人就算沒吃過，也肯定聽過這道經典菜。很多人看到有白菜的菜名就會自動忽略它，別小看它只是白菜上面封一層起司焗烤，吃起來可是奶香滿溢，上面厚厚的白醬，吃起來有些燙口卻瀰漫濃郁幸福感，讓人久久不能忘懷。

190度　 10分鐘　 焗烤

材料

白菜 500 克、蒜末 20 克、熟蟹腿肉 10 根、干貝絲 20 克、金華火腿絲 10 克、披薩用起司絲 20 克、蒜末 20 克、香菇絲 20 克

奶油糊材料

牛奶 200ml、椰漿 50ml、雞粉 2 克、起司粉 10 克、中筋麵粉 20 克、無鹽奶油 15 克、白糖 5 克

調味料

鹽 2 克、白胡椒適量

作法

1. 起鍋加入少許油，爆香金華火腿絲、蒜末和香菇絲。

2. 白菜切段，繼續倒入鍋中翻炒，加入調味料，蓋上鍋蓋燜 3 分鐘。

3. 製作奶油糊，鍋中加入奶油融化後，慢慢分次加入麵粉翻炒以避免燒焦。拌至均勻再加入剩餘奶油糊材料，煮滾備用。

4. 白菜瀝乾湯汁放至容器中，撒上干貝絲和蟹腿肉，淋上奶油糊，表面鋪上起司絲。

5. 放進烤箱設定焗烤模式以 190 度烤 10 分鐘，表面呈現微金黃色即可完成。

附錄：模式對照一覽表

1. 標準加熱模式

模式	溫度／時間	頁碼	料理名稱	備註
燒烤	200 度／15 分鐘	038	墨西哥辣椒雞肉卷	
燒烤	200 度／8 分鐘	074	沙嗲牛肉口袋餅	
燒烤	200 度／16 分鐘	094	黑松露芫荽切達司康	
加速燒烤	200 度／20 分鐘	032	哈巴尼羅排骨 BBQ	
加速燒烤	180 度／35 分鐘	036	古巴 MOJO 烤雞佐酪梨莎莎	
加速燒烤	230 度／12 分鐘	046	舒肥十三香油封鴨腿	
加速燒烤	200 度／10 分鐘	072	OTAK 香辣烤魚糕	
加速燒烤	200 度／10 分鐘 200 度／8 分鐘	082	青辣椒優格燒烤雞	
加速燒烤	180 度／5 分鐘 220 度／6 分鐘	112	奇異果牛小排烤吐司盅	
熱風對流	200 度／6 分鐘 200 度／12 分鐘	054	蔓越莓香菲達起司中卷	
常規烹飪	200 度／10 分鐘	092	百年祕傳 蛋黃芋泥球／肉鬆芋泥球	
披薩功能	180 度／15 分鐘	056	印度煎餅起司蝦卷	
披薩功能	200 度／8 分鐘	102	瑪格麗特披薩雞肉餅	
底部加熱	150 度／40 分鐘	088	本和香糖天使布蕾	
底部加熱	160 度／18 分鐘	090	宇治金時風味煉乳蛋糕	
燒烤 食物探針	160 度預熱 60 度	044	印地安 爐烤煙燻戰斧牛排	機器偵測到食材中心達到指定溫度會自動停止

2. 蒸氣加熱模式

模式	溫度／時間	頁碼	料理名稱	備註
真空低溫慢煮 （舒肥烹調）	57 度 ／ 90 分鐘	042	法式萊姆羔羊排佐蔬菜	
真空低溫慢煮 （舒肥烹調）	80 度 ／ 4 小時	046	舒肥十三香油封鴨腿	
真空低溫慢煮 （舒肥烹調）	63 度 ／ 55 分鐘	100	文山包種茶泡桂圓雞	
蒸氣加熱	100 度 ／ 50 分鐘	096	宮廷桃膠冰糖燉水梨	
麵包烘焙	160 度 ／ 8 分鐘	106	明太子肉鬆小貝	
麵包烘焙	170 度 ／ 18 分鐘	108	起司香料蝦多士	
全蒸氣	100 度 ／ 12 分鐘	040	秘魯黃椒奶油辣雞	
全蒸氣	100 度 ／ 12 分鐘	064	黃金魚湯泡鮭魚	
全蒸氣	100 度 ／ 25 分鐘	066	老香港鹹魚蒸肉餅	
全蒸氣	100 度 ／ 25 分鐘	076	板栗海瓜子清酒炊飯	
專業級高溼度	130 度 ／ 50 分鐘	086	香料風味火烤鳳梨	
專業級中溼度	200 度 ／ 18 分鐘	060	紙包烤葡萄柚九層塔鱸魚	
專業級中溼度	200 度 ／ 8 分鐘	062	麝香葡萄酒烤蛤蜊小卷	
專業級中溼度	180 度 ／ 40 分鐘	070	樹豆通心粉南瓜盅	
專業級中溼度	180 度 ／ 30 分鐘 180 度 ／ 10 分鐘	110	坦多利烤白花椰菜	
專業級低溼度	180 度 ／ 12 分鐘	034	脆皮糖霜蜜汁叉燒皇	
專業級低溼度	200 度 ／ 20 分鐘	052	金桔蒔蘿白湯醬鮭魚	
專業級低溼度	190 度 ／ 15 分鐘	058	威靈頓三文魚排	
專業級低溼度	200 度 ／ 15 分鐘	116	焗烤洋芋生乳蛋餅	
蒸氣烹飪	210 度 ／ 40 分鐘	080	佬墨牛肉鷹嘴豆紅薯	

3. 特殊模式

模式	溫度／時間	頁碼	料理名稱	備註
焗烤	200 度 ／ 15 分鐘	078	放羊小孩辣炒肉派	
焗烤	200 度 ／ 10 分鐘	104	焗烤薯蓉流沙扇貝	
焗烤	200 度 ／ 10 分鐘	114	柚香胡椒烤西紅柿	
焗烤	190 度 ／ 10 分鐘	118	港式蟹肉奶油焗白菜	
慢煮	100 度 ／ 2 小時	048	宮廷原湯裝羊蒜	

附錄：打造精品料理的多功能幫手

伊萊克斯廚房小家電介紹

Master 9 大師系列
Wi-Fi 智能調理果汁機
（E9TB1-90BP）

· 獨家黃金 10 度傾角，避免食材升溫氧化

· 鈦合金立體刀組，各式食材均勻攪拌

· 多元配件一機多用

· 獨家重力感測馬達，無論攪打容量為何，成品口感相同細緻

Explore 系列
專業型真空保鮮機
（EA6VS1-6AG）

· 食材延長 5 倍保鮮時間

· 強韌 7 層結構真空袋，高密封性，強化保鮮

· 可搭配蒸烤箱製作舒肥料理，維持軟嫩肉質

· 可外接真空管搭配保鮮盒配件，存放各式食材

除了嵌入式蒸烤箱，如果預算允許，建議可以購入以下的廚房小家電作為搭配使用，讓料理過程更有效率也更方便！

Create5 系列 手持式調理攪拌棒 （E5HB1-57GG）	極致美味 500 抬頭式攪拌機 （E5KM1-501K）

· 多元配件滿足各式備料需求	· 650W 高功率馬達搭配行星式攪拌，均勻攪拌各式食材
· 擬真式渦流設計，均勻攪打零死角	· 5L 大容量鋼盆，一次拌攪大份量
· 不鏽鋼開放式刀組設計，可直接伸入鍋具中攪打	· 多元陶瓷塗層配件，使用更安心
	· 6 段速 + 瞬速設計，各式食譜輕鬆打造

零失敗！新手也能做的蒸烤箱 40 道異國料理
質男主廚張克勤的不藏私食譜

作　　　者／張克勤

妝　　　髮／王佳雯

攝　　　影／蕭維剛

美 術 編 輯／申朗創意

責 任 編 輯／鍾宜瑩

企畫選書人／賈俊國

總 編 輯／賈俊國

副 總 編 輯／蘇士尹

編　　　輯／高懿萩

行 銷 企 畫／張莉滎・蕭羽猜・黃欣

發 行 人／何飛鵬

法 律 顧 問／元禾法律事務所王子文律師

出　　　版／布克文化出版事業部

　　　　　　台北市中山區民生東路二段 141 號 8 樓

　　　　　　電話：(02)2500-7008 傳真：(02)2502-7676

　　　　　　Email：sbooker.service@cite.com.tw

發　　　行／英屬蓋曼群島商家庭傳媒股份有限公司城邦分公司

　　　　　　台北市中山區民生東路二段 141 號 2 樓

　　　　　　書虫客服務專線：(02)2500-7718；2500-7719

　　　　　　24 小時傳真專線：(02)2500-1990；2500-1991

　　　　　　劃撥帳號：19863813；戶名：書虫股份有限公司

　　　　　　讀者服務信箱：service@readingclub.com.tw

香港發行所／城邦（香港）出版集團有限公司

　　　　　　香港灣仔駱克道 193 號東超商業中心 1 樓

　　　　　　電話：+852-2508-6231 傳真：+852-2578-9337

　　　　　　Email：hkcite@biznetvigator.com

馬新發行所／城邦（馬新）出版集團 Cité (M) Sdn. Bhd.

　　　　　　41, Jalan Radin Anum, Bandar Baru Sri Petaling,

　　　　　　57000 Kuala Lumpur, Malaysia

　　　　　　電話：+603- 9057-8822 傳真：+603- 9057-6622

　　　　　　Email：cite@cite.com.my

印　　　刷／卡樂彩色製版印刷有限公司

初　　　版／2022 年 1 月

定　　　價／380 元

I S B N／978-986-0796-89-6

E I S B N／978-986-0796-90-2（EPUB）

城邦讀書花園
www.cite.com.tw

布克文化
WWW.SBOOKER.COM.TW

探索自然給予的極致美味
MAKE IT LAST

極致美味　嵌入式烤箱
ULTIMATETASTE 900 / 700 / 500

專業料理　精準到味
鎖住營養 ／ 精準控溫 ／ 蒸烤並進

 專業舒肥烹調　　 智慧蒸氣烹飪　　 蒸氣烹調